ハチドリのひとしずく

いま、私にできること

原画＝マイケル・ニコル・ヤグラナス
デザイン＝佐藤晃一＋ひねのけいこ
制作・編集協力＝(有)ゆっくり堂
編集協力＝環境ジャーナリストの会　芦崎 治
●
P.6−15の絵は
マイケル・ニコル・ヤグラナス氏の原画を
再構成したものである。

この物語は、南アメリカの先住民に伝わるお話です

森《もり》が燃《も》えていました

The forest was on fire.

森《もり》の生《い》きものたちは
われ先《さき》にと
逃《に》げて
いきました

All of the animals,
insects and birds in the forest rushed to escape.

でもクリキンディという名《な》の
ハチドリだけは
いったりきたり
くちばしで水《みず》のしずくを一滴《いってき》ずつ運《はこ》んでは
火《ひ》の上《うえ》に落《お》としていきます

But there was one little hummingbird named Kurikindi,
or Golden Bird, who stayed behind.
This little bird went back and forth between water and fire,
dropping a single drop of water from its beak onto the fire below.

動物《どうぶつ》たちがそれを見《み》て
「そんなことをして
いったい何《なん》になるんだ」
といって笑《わら》います

When the animals saw this, they began to laugh at Kurikindi.
"Why are you doing that?" they asked.

クリキンディは
こう答《こた》えました

「私《わたし》は、私にできることをしているだけ」

And Kurikindi replied, "I am only doing what I can do."

写真＝Murray Cooper

【ハチドリ】

中南米と北米に棲息する、体長10センチ前後の鳥。
色の違いによって340もの種類があるといわれる。
「飛ぶ宝石」と呼ばれるように、
その身体は玉虫色で、光の当たる角度とその明るさによって
様々な色に変化する。英名はハミングバード。
ハチのように空中で静止して
花の蜜を吸う時に「ブーン」という
音を立てることが由来。

©Michael Nicoll Yahgulanaas

マイケル・ニコル・ヤグラナス
Michael Nicoll Yahgulanaas
カナダ・ハイダ民族のアーティスト。
近年、ハイダの伝統的な技法と、日本の漫画を融合させた
「ハイダ漫画（HAIDA MANGA）」を提唱、
国際的に活躍する。
www.rockingraven.com

ハチドリのひとしずく

「金の鳥――クリキンディ」について

辻信一

ぼくと仲間たちは、クリキンディのお話を南米のアンデス地方に住む先住民族キチュアの友人アルカマリから聞いて、強く胸を打たれました。そして、ぼくたちにできることはいったいなんだろう、と考え始めました。最初に思いついたのが「そうだ、このハチドリの話をひとりでも多くの人に伝えることならできる」ということでした。それからぼくたちは、ひとりひとり色々な機会にこの話を語り伝えてきました。そんな思いのひとつひとつを、いまこうして一冊の本としてまとめることができました。

この小さな物語の中には、たくさんの教えがつまっています。たしかにクリキンディは、小さなからだに似合わぬ大きな勇気をもっているように見えます。それにしてもなぜ、ほかの動物たちは山火事を消そうともしないで逃げ出してしまったのでしょうか。それは彼らが意気地なしで卑怯《ひきょう》だからでしょうか。

大きくて力もちのクマは、しかし、幼い子グマたちを守るために避難したのかもしれません。脚の速いジャガーは、しかし、うしろ足で火に土をかけることに気がつかなかっただけかもしれません。雨を呼ぶことができる〝雨ふり鳥〟たちは、しかし、水で火を消せるということを知らなかっただけかもしれません。

この本の絵を描いてくれたのは、ぼくの長年の友人であるカナダの先住民族ハイダのマイケルです。彼との打ち合わせの中でこんなやりとりがありました。ぼくの最初の英訳の中に「普段大威張りの大きな動物たちが……ハチドリをバカにして……」という表現があり、彼はそれにひっかかったのです。「これではハチドリが正義で、ほかの動物たちが悪だ、という話になってしまう」と、彼は感じたというのです。先住民に伝わる元々の話にそんな善悪の区別などなかったのではないか、という彼の意見にぼくは心を開かれる思いがしました。

またマイケルはこうも言いました。「怒りや憎しみに身をまかせたり、他人を批判したりしている暇があったら、自分のできることを淡々とやっていこうよ。クリキンディはそう言っているような気がするんだ」。

ぼくたち人間は、すべての生きものの中で最大の力をもつようになりました。残念ながらその力はしばしば、人間同士傷つけ合ったり、自然環境を壊したりすることに使われてきました。でも幸いなことに人間は、小さな地球人として、そのことを自覚することができます。そしてその気になれば、力を合わせて水のしずくをたくさん集め、燃えている森の火を消すだけの力をもっています。

地球温暖化、戦争、飢餓、貧困……。ぼくたちの生きている世界は深刻な問題でいっぱいです。しかしぼくは、それらの重大な問題よりさらに大きな問題があるという気がします。それは、「これらの問題に対して、自分にできることなんか何もない」とぼくたちがあきらめを感じてしまっていること。もしもこの無力感を吹き払うことができたら、つまり、「私にもできることがある」と思えたら、その瞬間、ぼくたちの問題の半分はすでに解決しているのではないでしょうか。

クリキンディの話をしてくれたアルカマリは、話のあとにこうつけ加えたものです。

「あまりに大きな問題にとりまかれている私たちは、ともすれば、無力感に押しつぶされそうになります。でもそんな時は、このハチドリのことを思い出してくださいね」と。

さて、燃えていたあの森はその後、どうなったのでしょう。森は燃えてなくなってしまったのでしょうか。それとも……。

物語の続きを描くのはあなたです。

森が燃えているのを見たハチドリは仲間を増やそうと思いました。
「それぞれが1羽ずつ仲間を増やすように伝えて！」――
２回伝わると４羽が、３回伝わると８羽が、
10回伝わると１０２４羽が、20回伝わると１００万羽以上が、
そして40回伝わると１兆羽以上のハチドリがやってきて、
あっという間に火事を消してしまいましたとさ。

――枝廣淳子（環境ジャーナリスト）

クリキンディのお話をひとりでも多くの人に伝えたいと願う
個人や団体が**「ハチドリ計画」**というネットワークをつくりました。
あなたもぜひ参加してください。http://www.hachidori.jp/

私は、私にできることをしている。

インタビュー＝辻信一

セヴァン・カリス＝スズキ

Severn Cullis-Suzuki　カナダの大学院生

世界は、私たちひとりひとりからできている。
だから、あなたや私が
ちょっと変われば、世界はやっぱり、
ほんのちょっと変わっていくの。

1992年、リオ・デ・ジャネイロで開かれた国連の地球サミット。12歳の少女セヴァンが居並ぶ世界のリーダーたちを前に話し始める。「私がここに立って話をしているのは、未来に生きる子どもたちのためです……」。それからわずか6分間のスピーチが、世界を確かに変えることになる。会場を感動で包んだセヴァンのことばはやがて活字となり、映像となって世界中に広がった。
それから13年、あの少女セヴァンはいま、民族植物学を専攻する大学院生。彼女の日常の暮らしぶりはこんなふうだ。
「朝起きるとまず、5分の砂時計を置いてシャワーを浴びる。週に1回配達される、地域の有機野菜でお弁当をつくる。水筒には日本の水俣で出会った有機農家のおいしい紅茶。キャンパスへはたいてい自転車で。プリントアウトやコピーには裏紙を使う。お弁当の生ゴミは友人と作ったミミズ・コンポストへ。帰りは、海岸をのんびり歩きながら、一日を振り返り、今日という日に感謝する。そして友人たちとの愉しい夕食……」

徳永暢男

とくなが・のぶお　雨水利用提唱者

昔の人はどれだけ水を大切にし、
神様にどんな思いで雨乞いしてきたか。
100人でも千人でも集めて
雨乞いをやりたいな。

徳さんは、墨田区向島生まれの江戸っ子だ。ある日、アスファルトをはがして駐車場を畑にした。そのとき生ゴミを肥料に変えるコンポストにドラム缶を使った。それをきっかけに環境に目覚め、ドラム缶で雨水をためるタンクをつくる。そしてそれらに「路地を尊ぶ、天の水を尊ぶ」という意味で、「天水尊《てんすいそん》」「路地尊《ろじそん》」と名づけた。江戸時代は下町の密集地帯から火事を出さないようにと「天水桶」という防火用水をおく知恵があった。その知恵を引き継ぐのが「雨水リサイクル研究所」の所長、徳さんの仕事だ。「裏を開けたら隣の台所が見える。隣の晩のおかずがわかるくらいの距離、そういう触れ合いの中でできた人情ってもんが下町の魅力。それがなくなったら寂しいなあ」と徳さん。

雨水利用は、防災だけでなく節水にも効果がある。ひとり1日、20リットルを節約すれば、首都圏に水を供給するダムがひとついらなくなる。「俺は学もないし単純だけど、環境問題ってえのは、気張らず、できることからやっていきたいな。自分に身近な、わかりやすいことから始めればいい」。それが徳さんのエコロジーだ。

中嶋朋子 なかじま・ともこ 女優

エコロジーはがまんすることじゃない。私たちが欲している心地よさや楽しさは、地球と仲よくつながっているはず。

テレビドラマ『北の国から』の「蛍」役で8歳から22年間、北海道の富良野《ふらの》と生まれ育った東京を行き来した。撮影は山の中だ。

「木の間からのぞくリスを見つけたり、枯葉をめくって虫を見つけたり。山で遊んだ経験が私の価値観を育《はぐく》んでくれた先生です」

農家のおばあちゃんと一緒に畑に出て、旬《しゅん》の野菜を採る。誰がどんなふうに育て、料理したかをよく知っている食べものが自分の口に入る。「みんなつながっている、ということの発見。それを子どもの時に経験できたことは、最高の贅沢だった」と思う。

仕事で、イルカの飼育センターに行った時のこと。そこでは自閉症の子たちがイルカと泳ぐことで心を開いていくのだという。水を怖がる中嶋さんに、イルカは寄ってこなかった。指導員に「イルカより楽しそうにしてないと寄ってきてくれないよ」といわれ、楽しさを全身で表してみた。するとすぐに野生のイルカが遊びにきた。

「大人が興味をもち、楽しんでいることを分かち合いたいと思えば、子どもは放っておいても寄ってくるものです」

ブルーノ・ガンボーネ
Bruno Gambone イタリアの陶芸家

ふつうのイタリア人は
今でも、スーパーで食材を買わない。
必要な量だけ、毎日食べる分だけを
ちょこちょこ商店で買うんだ。

1936年生まれのブルーノさんは、イタリアを代表する陶芸家だ。自分を手工芸職人だと思っている。手の触覚をとても大事にしている彼は、鑑賞者にも自分の作品に触れてみることを勧める。自分や家族の食べる料理ももちろん手づくりだ。野菜は八百屋さん、魚は魚屋さん、肉は肉屋さんで買う。行きつけの店は替えない。長年、通っているから、店の人と心が通じている。食べものはいつも新鮮だし、どこから来ているのかわかって安心だ。でき合いのものを買わないから、プラスチックパックのゴミがたまらない。小まめにつくって食べるから、食べものが余らないし、生ゴミも少ない。

手工芸職人は使う材料を徹底的に研究しなければならない。土については、もう50年も研究している。陶芸は火と土と水と空気のすべてを使う奥深いスローな仕事だ。どれにも精通していなければならない。それら自然界の4つの基本要素にこだわるという意味で、陶芸家はエコロジストだ。「陶芸は料理と同じ、つくる人の愛や情熱や歓びは必ず伝わるものさ」。

坂本龍一

さかもと・りゅういち　音楽家

100万人のキャンドルナイト。
人工の光で明るくなってしまった地球の夜に、
暗い帯が自転とともに移動していく。
これは地球大のアートだ。

9・11事件が起こった時、坂本さんはニューヨークにいた。

恐怖と不安の中で、現状を把握しようとインターネットを検索するうちに様々な論考に出会う。それらを友人たちと転送し合ううちに輪が広がり、やがてそれが『非戦』という単行本になった。

9・11体験を経て坂本さんは、自分の足下を見直すことを迫られた。日々の暮らしの中で何気なく消費しているエネルギー、水、そして食べもの……。それらを自給自足する社会のあり方を考え直す必要があるのではないか。

「自分たちのコミュニティや地域をもう一度発見し、再生していこうというのは大事なことです。日本は、これまでの経済競争のレールから降りて、美しい三等国になればいい。食べものがおいしくて、風景がきれいで、自然が豊かで……」

環境問題に関心をもつミュージシャンとともに、「アーティストパワー」を立ち上げ、自ら自然エネルギーだけを使ったコンサートを開いている。ニューヨークの自宅でも、風力発電の会社と契約を結び、自然エネルギーの恩恵を楽しんでいる。

ジュディ・アロージョ

Judy Arroyo　コスタリカの民宿経営者

ナマケモノは必要以上のものを求めない。
自分にとって大切なことを、
じっくりゆっくりやっている。
平和って、きっとそういうことね。

ジュディは夫のルイスと、民宿を経営しながら、その周囲に私営の自然保護区「アヴィアリオス」をつくり、徐々に広げていった。90年代になると、動物好きで知られる彼女のところへ、森にひっそりと棲んでいるはずの動物ナマケモノが次から次へと運び込まれるようになる。気がついたら、世界ではじめて、そして唯一の「ナマケモノ救護センター」ができていた。ナマケモノの受難について考えることを通して、周囲の生態系の破壊が、さらに地球全体の環境破壊が次第にはっきりと見えるようになった。

ジュディがナマケモノに学んだことは多い。彼らの暮らしに、循環、共生、省エネ、非暴力、平和といった人間の理想がそっくり実現しているようにも思える。高温多湿の熱帯雨林で、わざわざ排泄《はいせつ》のために危険を冒して木から降りるのは栄養分を確実に根元に届けるため。動きが遅いのは筋肉が少ないため。またそれは省エネと、天敵の少ない樹上で小枝にもぶらさがれる軽量を保つため。

ブラジルに「ナマケモノが空を支えている」と信じる先住民がいるそうだ。ジュディにもそれが信じられるようになった。

川口由一
かわぐち・よしかず　自然農・農民

これから大切なのは、「何かしないといけない」にかかわる、「してはいけないことから離れる」という発想です。

川口さんは、奈良県の大和三山にちかい代々の農家に生まれ育ち、親の跡を継いだ。それは日本の農業が機械化と化学化への道を無邪気に突っ走る時代のことだ。やがて川口さん自身の心と体に危機が訪れる。長い学びの年月をかけて彼が選びとったのは、無肥料、無農薬、不耕起の自然農と、漢方医療を軸とする古くて新しいライフスタイル。
川口さんの田んぼに手を突っ込んで柔らかい土くれをむしり取る。強い命の香りがあたりに立ち込めた。それは森の匂いだ。
現代農業には、「大自然に生かされている」という意識が失われている。しかし「思いどおりになることはひとつもなくて、命の巡りのペースに沿って生きるしかないんです」と、川口さんはいう。そのことさえ分かっていれば、何があっても生きられるんだという安心感が体の中に宿るものだ、と。
「環境問題にしても、問題を解決するのではなくて、問題を招かない生き方をすることです」。それが、川口流引き算の教え。

Shingo2 シンゴ・ツー　ヒップホップ・ミュージシャン

大きなことばよりも、
何を食べるか何を買うかといった
ベーシックなところから変えていく。
3年前にベジタリアンになりました。

2005年の夏至の夜。代々木公園で開かれた100万人のキャンドルナイトのイベントに、シンゴ・ツーが米国西海岸から海を渡ってきてくれた。そして9・11事件から3年をかけてつくったという自信作を聴衆にぶつけた。

「2005年／目を覚ませ／戦後チルドレン／2005年！」

1975年東京に生まれ、タンザニア、イギリス、日本に育ち、15歳で米国へ。学生時代を西海岸で過ごした彼は、全盛を迎えていたヒップホップ・ムーブメントの影響の下で、イラストやラップを始め、日米を股にかけるユニークなアーティストに育っていった。「ヒップホップとは、何でも自分たちで自主的にやってみるという態度。だからみんなプライドがあって個性的でカッコいい」。

米国のイラク派兵には、折り鶴を迷彩色の紙で作ることをウェブ上で呼びかける、「平和の鶴作戦」で応えた。

「肉を食わないでやれるか不安だったけど、野菜を食べだすとむしろ健康になるし、いい野菜を作る人をサポートしたくなるんです」。

加藤文子　かとう・ふみこ　盆栽作家

「いい一日だった」と感じられるだけでいい。感じるということだけで、多くのことが解決されていく、と私は思います。

栃木県那須にある加藤さんの庭を見るまでは、盆栽は人間が植物をコントロールする抑圧的なものだと思っていた。ところが、彼女の盆栽では、さまざまな苔《こけ》が盆をさえ覆い尽くし、どこからともなく飛んできた種子から芽を出した野草が、あちこちで生を謳歌《おうか》している。盆栽のひとつひとつが小さな森のようだ。

冬のうちから温室の空気を入れ替える。徐々に冷たい風を当てないと、春になって外に出すと植物の抵抗力がなくなっているという。ひとつひとつ植物を見ながら、冷たい風の当たり具合、日差しの強弱を体感するのだ。「つき合うのはそれなりに面倒で、大変。だからこそ、それなりの充実感とか悦びがある。私に何ができるかというと、便利さに乗じないこと。そして待つこと」。

那須は冬が長いので、植物たちはしっかり冬眠する。でも待たされる加藤さんにはその分時間が生まれ、その時間をどう生きるかという知恵も湧く。まるで盆栽は時間の泉のようだ。待つことの楽しさと美しさ。加藤さんの暮らしぶりには、人間と自然とのつき合い方のヒントがつまっている。

ウ・オン　U Ohn　ミャンマーの育林家

毎日、「私の善き行いが、9千万の陸の生きものと1億の海の生きものとに、等しく健康と幸せをもたらしますように」と祈ります。

長年森林官として、林業や植林事業に携《たずさ》わったオンさんは、78歳。彼の現場主義はいまなお健在だ。自ら先頭に立ち、スコールにずぶ濡れとなって泥道を歩き、マングローブ林の中に分け入る。

理論としての植林が、実際の現場で通用しないことを何度も経験させられたオンさんは、森を守り、再生させる主役は、外からの技術者や専門家ではなく、あくまで現地に暮らす住民たちだと信じている。だから今も、ひとつひとつ僻地《へきち》の村を訪ね、長い時間をかけて人々と話し込む。自分の経験や知識を現地の人々が生かしてくれるはずだ、と確信して。

子どもの頃は聞き流していた曾祖母の仏前での祈りが、ある時ふと蘇《よみがえ》った。9千万や1億の生きものの幸せを祈る、貧しく無学な仏教徒たちの思い。エコロジーとはまさにそのことだ、と。

「1本の木には千の鳥が住む、ということわざがあります。今はあまりに小さく無力に見える種子も苗木も、やがては何千、何万という虫や鳥の住処《すみか》となる。あなたが育てているのはただの木ではない。小さな宇宙です」

南兵衛（鈴木幸一）

なんべえ　イベント企画・制作会社代表

音楽に誘われ、
人々が自然の中に引っ張りだされる。
お日様の下で太鼓をたたいて声を出す。
「ああ気持ちいい！」と思えれば、それでいい。

22歳の時、1年かけて南米を自転車で旅した。その南米に恋をして、以来「南兵衛」を名乗る。1人でキャンプをしていると、日没のいい風景に出会う。食事の量は少なくても満ち足りた気分。「足るを知る」という快楽観を、旅で身につけた。

快楽と享楽を区別したいという。「ぼくらの快楽は、持続的に心地よく、気持ちよく生きていける方法論。享楽はこの場だけがドカーンと高揚する快感。享楽を否定しないが、しみじみとした愉しさ、気持ちよさを日常的な暮らしの中で見つけることが大事だ」。

フェスティバルは、エコライフの教育の場になりうると思う。そこではキャンプをしたこともない人がテントを張る。自然にふれて一晩テントに寝るだけでもいい。それは「足るを知る」につながる。

アースデイ東京をはじめ、数々の環境系イベント、フェスティバルを企画、プロデュースしてきた。

「環境にいい、持続的な暮らしの方が愉しいってことを、当たり前に感じて生きていける人がどんどん増えるとうれしいな」

蒲生芳子

かもう・よしこ　そば屋・農民

金持ちになるより、
豊かな自然に生かされて生きる方が楽しい。
そんな暮らしをしていたら、
それがエコロジーだったの。

宮崎県の秘境椎葉《しいば》村に、蒲生さんは県職員として赴《ふ》任《にん》した。老人が小さな畑で大豆の種蒔《ま》きをしていた。見ると、3粒ずつ蒔いている。「なんで3粒なの?」とたずねると、「ひとつは空の生きもの、ひとつは土の生きもの、そしてもうひとつは人間のため。だから3つなんだよ」という返事。衝撃を受けた。

退職し、大阪での喫茶店経営を経て、ご主人と故郷の都城《みやこのじょう》市で仕出しの弁当屋を起業した。ところが、自然素材にこだわった自慢の田舎料理が受け入れてもらえず失敗。借金を抱える。経費節約の必要もあって始めた自給自足的な暮らしが、蒲生さん夫婦にはしっくりきた。椎葉村での経験が鮮《あざ》やかに蘇る。米とソバの栽培も始めた。やがてそば屋を開店。ヤギ、アヒル、ニワトリを飼い、古民家を移築、ビオトープもつくった。お金が貯まると太陽光パネルや風車も設置。気がついてみたら、「そば屋のおばさんのエコロジー」として、評判になっていた。

「私のは小さな自己満足の積み重ね。人様に迷惑をかけて生きるより、環境にいいことをやっている方が気持ちいいもの」

C・W・ニコル

作家・ナチュラリスト

大切な自然を守れるかどうかは、
自分の住む家の軒先をツバメに貸すという、
ちょっとしたやさしい
心づかいにかかっている。

南米アンデスの先住民に伝わるハチドリのお話を聞いて、C・W・ニコルさんが思い出すのはツバメのことだ。

「私がはじめて来た頃の美しい日本は、ツバメを大事にする人々の国でした。家々の軒先はもちろん、家の中にまでツバメがたくさん巣を作って、まるで家族や友だちのように一緒に暮らしていた。害虫をたくさん食べてくれるツバメは、豊作をもたらす縁起のいい鳥。人々はツバメが雨を運び、夏を運ぶものだと信じていたんです」

ところが、今の日本人はかつての友人であるツバメを邪魔者にして、不潔だといっては追い払おうとする。それは、経済成長のために美しい山河を壊して平気でいられる日本人の姿に重なる。

ニコルさんが長野県黒姫の荒廃した里山を少しずつ買い、森を再生する「アファンの森」という事業を始めたのは17年前。徐々に生きものたちが戻ってきた。今では93種類以上の鳥と、千種類以上の虫が暮らす森となった。

石垣金星 いしがき・きんせい 西表島《いりおもてじま》の文化伝承者

自然といかにつき合うかという
伝統的な知恵や作法が、
歌や踊りや祭事につながった。だから、
それらを守ることが環境を守ることなんです。

沖縄西表島に生まれ育った金星さんは、島を代表する文化伝承者だ。昭子夫人とともにすたれかけていた伝統織物を復活させ、祭りの保存のために力を尽くしてきた。自ら三線《さんしん》をつま弾いては島唄を歌う。天然記念物のイリオモテヤマネコにちなんで「ヤマネコ安心米」と名付けた無農薬米をつくる農家でもある。

西表の豊かな山にはイノシシが何千頭もいて、毎年何百頭も獲ることができる。海にはいつでも魚がいるし、サンゴ礁は海の畑といわれるほど貝や海草が豊富だ。人々は一年を通して神さまにお祈りをし、感謝の気持ちを祭りとして表現してきた。

いま西表島はリゾートホテルの建設で揺れている。大規模な観光で何より心配なのは、自然のリズムに沿った島のスローな時間が失われること。そこで金星さんは西表島エコツーリズム協会をつくって、西表流のエコツーリズムを提案した。

「島に来たらまず時計をはずすんです。あとはただ、ゆっくり過ごすだけでいい。疲れている人は木の下で寝て、島の風に吹かれる。何もしないことが実は本当の贅沢なんです」

アンニャ・ライト

Anja Light シンガーソングライター

希望も何もないところに、新しい生命はやってこないはずでしょ？洗った布のオムツをパーン！と伸ばして干す時が一番しあわせ！

アンニャは北欧で生まれ、オーストラリアで育った。子どもの時、核兵器や環境破壊について知り、人間には明るい未来はないと絶望した。16歳の時、最後の狩猟採集民《しゅりょうさいしゅうみん》といわれる先住民族ペナンの森林伐採《ばっさい》に反対する闘いを支援するために、ボルネオ島サラワクの密林を訪れたアンニャは、この森の民《たみ》の限りないやさしさに触れ、再び人間についての希望を与えられた。そしてその同じ森で、音楽こそがよりよい世界への道筋だという啓示を受ける。

やがてアンニャは熱帯材の最大の消費国であった日本に移り住み、コンサート活動を展開しながら、森林保護や脱原発を訴えた。さらに日本からエクアドルへ。そこで二児の母親となる。そして自宅での自然出産やスローな子育てこそが、平和と環境のための最もラジカルな政治行動だと信じられるようになった。

来《きた》るべき日本の「大転換」に期待している。そのために日本人が今日、できることがふたつある。30分でいい、裸足になって大地に足をつけること。そして都会の雑踏で足を緩《ゆる》め、空を眺めること。

関野吉晴

せきの・よしはる　探検家

マチゲンガ族の日常の挨拶は、「おまえ、存在するか？」という意味の「アイニョビ」。何をするかより、ただそこにいることが大事なんだね。

医師で探検家の関野さんは、30年にわたって南米全域を歩いてきた。10年かけて人類400万年の軌跡を辿《たど》る「グレートジャーニー」では、動力を使わずに5万キロを旅した。
関野さんの旅はしかし先を急がない。「未開」といわれる人々のすごさは、道草ばかり食うスローな旅人にしかわからないのだ。
アマゾン奥地のマチゲンガ族の村は、関野さんの第二の故郷。そこで多くの時間をゴロンと寝て過ごした。見れば、屋根、ベッド、柱、ハンモック、衣類と、素材のわからないものがない。人間の世界が自然としっかりつながっている。だんだん、そのことの重大さが理解できるようになった。自然とのつながりを保つために、彼らは効率を優先させない。競争を好まない。だから時間はゆったり流れる。それは偉大な知恵なのだ。
忙しい日本人から見るとそこには無駄な時間が多い。でもそれこそが彼らの幸福の源だということがわかった。「本当の楽しさや喜びはお金で買うようなものじゃないんです」

無理なく「引き算」　楽しく「ポトリ」

私たちはいま、
地球温暖化という大問題に直面している。
ハチドリの物語の中の燃えている森は、
実は地球のことなのだと考えることができる。
刻々熱くなっていく私たちの地球を、
どうしたら冷やすことができるのだろうか。

地球が燃えている!?

私たちが知る限り、地球は様々な生きものが繁栄するのに適したただひとつの星だ。ほかの星と違って地球は、平均して15℃くらいの暖かさに保たれている。それは、地球のまわりには薄い透明の膜があって、ちょうど私たちが着る衣服のように地球を包んでくれているから。これは「温室効果」と呼ばれている。温室効果をつくる気体である「温室効果ガス」には、二酸化炭素（CO_2—約60%）、メタンガス（約20%）、フロンガス（約10%）などがある。地球を暖かく保ってくれる本来ならありがたい温室効果ガス。しかし最近、それが人間の活動によって急激に増え、微妙なバランスが崩れ始めている。夏の暑い日にセーターやオーバーを着込んだようなものだ。

熱くなってしまった地球では、昔は起こらなかったようなことがたくさん起こるようになった。日本でも、夏が異常に暑かったり、大きな台風がたくさん発生して被害をもたらしたり。世界のあちこちでも新しい病気が頻発《ひんぱつ》し、極地や高山の永久氷河が溶けて洪水が起こり、海面が上昇して陸地が水没し始めている。砂漠化や水不足も深刻で、紛争や戦争の原因になり始めている。生きものたちも苦しんでいる。今世紀中に、現在生息中の全生物種の3分の2が絶滅するという予測さえある。これらはみな、地球が熱くなっていることの結果だと考えられている。

地球を冷やすのは、私たち

大きな山火事の上にハチドリがしずくをポトリと落とす。「焼け石に水」という言葉があるように、熱くなっている地球を冷やすための私たちひとりひとりの行為は、なんの効果もない、ムダなものだと思われがちだ。しかし考えてみてほしい。地球温暖化を引き起こしているのは、私たちひとりひとりの行動の寄せ集めなのだということを。

日本のCO_2排出は、約40%が産業、20%が運輸、13%が家庭からのものだといわれている。しかし、産業のつくり出すモノを消費し、運輸のサービスを直接的、間接的に利用しているのは結局私たち自身。ということは、私たちが暮らしの中で起こす変化が、産業のあり方や、社会のあり方を変えることができる。たとえそれがどんなにささやかに見えても、たしかに地球を冷やすことにつながっている、ということだ。

さあ、ポトリ、ポトリ、と私たちのしずくを落とし始めよう。

ポトリ

現在、日本人はひとりあたり
１日平均７千ｇのCO_2を出している。
これを減らしていくために私たちは引き算を学ばなければならない。
計算を簡単にするために、環境問題に取り組む人たちが
CO_2 １００ｇに「１ポコ」という
単位をあてることにした。
(http://www.food-mileage.com/ フードマイレージ・キャンペーン参照)
いま、私たちはこの１ポコ分のCO_2を減らすためのひとしずくを
「１ポトリ」と呼ぶことにしよう。

自動販売機に頼るのをやめ、
好きな飲みものを入れた水筒をもち歩いて、
しずくを「ポトリ」。
使わなくてもすむ機械のプラグを抜いて、しずくを「ポトリ」。
暮らしの中には引き算できる場所がたくさん！
小さなポトリもたくさん集まると大きなしずくになっていく。

◆車・交通手段

日本人は100人あたり58台の自動車をもっている。世界の国々の平均は100人あたり13台。世界的に保有台数は増加傾向にあって、それだけCO_2や、排気ガスの排出が増加している。自動車を使ってひとりを1キロ運ぶときに出るCO_2の量は、バスのおよそ2倍。

アイドリングストップを5分する……………………1.1ポトリ

3km移動するのに
タクシーのかわりに地下鉄を使う…………12.0ポトリ

往復4kmの道を車に乗らずに歩く……………………7.7ポトリ

◆ゴミ・リサイクル

モノをつくるにも、処分するにも、エネルギーが使われるし、温室効果ガスも出てしまう。ガスの排出を減らすには、まずゴミになるものを減らすこと。使い捨てのモノをやめて、モノを長く大切に使うことも、私たちにできることのひとつ。

レジ袋1枚（15g）をもらうのをやめる……0.9ポトリ

食品トレーを10枚リサイクルする……1.0ポトリ

ワンウェイビンをやめて
リターナブルビンを使うと1本あたり……2.0ポトリ

スチール缶を2本リサイクルする……1.0ポトリ

ペットボトルの使い捨てを1本やめる……1.4ポトリ

◆家電

家電やコンピューターなどのコンセントをさしっぱなしにしていると、使っていない間でも電力を消費していることになる。これを待機電力と呼ぶが、家庭の電力消費量全体の10％近くを占める。これは原子力発電所約4基分にあたる数字。少しずつムダをなくしていけば、現在日本に53基もある原発を減らすことができる。

エアコン冷房を27度から28度にする……1日0.5ポトリ

エアコン暖房を21度から20度にする……1日1.5ポトリ

冷蔵庫、冬場は設定温度を、強を中にする……1日1.6ポトリ

冷蔵庫のモノの詰め込み過ぎをやめる……1日0.7ポトリ

テレビを見る時間を1日3時間減らす……1日1.2ポトリ

白熱電球から電球型蛍光ランプにする……1日0.8ポトリ

ジャーの保温をやめる……1日0.8ポトリ

石油ファンヒーター（設定温度20度）の使用を1日1時間短縮する……2.4ポトリ

◆食べもの

食べものがとれたところから、実際に食べるところまで運ばれる距離をあらわす、「フードマイレ

ージ」というものさしがある。自給率が低く、食糧を輸入に頼る日本のフードマイレージは世界第1位。国産の、しかもできるだけ近くの地域でとれた食べものを選ぶことで、エネルギーの消費も、CO_2排出も削減、大きな「地球貢献」ができる。

次のもののかわりに国産ものを選ぶと、これだけのポトリが落とせる。（「大地を守る会」調査）

オーストラリア産アスパラ１本で……………………4.1ポトリ

アメリカ産いちご５個で……………………6.2ポトリ

アメリカ産たまねぎ１個で……………………1.4ポトリ

中国産キャベツ１個で……………………2.2ポトリ

中国産大根１本で……………………1.8ポトリ

アメリカ産レタス１個で……………………3.6ポトリ

タイ産鶏モモ肉２００ｇで……………………0.3ポトリ

地球温暖化を防いでよりよい世界をつくるためには、
楽しいことをいろいろがまんしたり、
たくさんのつらいことをしなければならないと
思っていた人も多いはず。
しかし、これまでの「もっともっと」という
足し算ばかりの暮らし方をやめて、
ポトリ、ポトリと引き算を始めてみる。
すると実は、環境にいい暮らしが、より楽しく、美しく、
安らかで、「おいしい」ことがわかる。

世界中の森を壊す暮らしから抜け出したい

世界の森林は激減し続けている。最大の木材輸入国のひとつである日本の責任は大きい。でもそれは同時に、これまでの大量消費のやり方を変えることで、私たちが森林の保全に大きな役割を果たせるということでもある。

日本の国土の約３分の２は森林（中国は14・３％、オーストラリアはわずか５・４％）。しかし国内の人工林はほとんど利用されず、荒れ放題だ。日本は、木材消費の８割以上を、１００カ国以上からの輸入材でまかなっている。

間伐材・認証材・間伐紙でできた製品を買う。▽日本の森の手入れに貢献しながら、海外の森林伐採に歯止めをかけることができる。

ひとりあたり１年間で使う**【紙・紙製品】**の量は、日本人２５０kg、ケニア人４・37kg。印刷用紙やオフィス用紙、新聞用紙、広告、ティッシュなど、私たちが日常的に使う紙・紙製品の原料である、木材チップやパルプのほとんどは海外から輸入されている。たとえば、オーストラリアのタスマニアでは、１年間にサッカー場２千５００個分の原生林を含む森が伐採され、ウッドチップに加工されているが、日本はその90%を輸入している。

- 紙はリサイクルにまわす。
- 紙や紙製品を購入する時は、再生紙や非木材紙を選ぶ。
  ▽特にリサイクルのできないティッシュペーパーやトイレットペーパー。
- 印刷用紙はなるべく裏紙を使い、「印刷」ボタンを押す前に本当に必要か考えてみる。
- 新聞にはさまれている広告を断る。
- ポケットやバッグに必ずハンカチを入れておく。▽使い捨てのペーパータオルを使うとゴミが出る上、ハンカチの2・5倍のエネルギーを使用。
  ナマケモノ倶楽部のハチドリ印ハンカチ http://www.sloth.gr.jp
- マイ箸《はし》をもち歩く。▽年間約250億膳が使い捨てられている割り箸。その原料の約95%は中国から来ている。マイ箸は中国の森を守り、ゴミの量を減らすことにもつながる。
  スローウォーターカフェのおしゃれで伸縮型の携帯箸「森のお守り」
  http://www.slowwatercafe.com/
  日本全国でマイ箸を広めている人がいる。http://www.moku.jp/pc/kakehashitop.html

使い捨てって気持ち悪い

大量生産と大量消費の裏側は大量廃棄。経済成長は「使い捨て」というコンセプトに支えられてきた。でも考えてみてほしい。大地の恵みと人々の労働の結晶を一瞬のうちに使い捨てるなんて。ノーベル平和賞のワンガリ・マータイさんが思い出させてくれたように、「もったいない！」という美意識こそが、私たち日本人のエコロジーだ。

毎日ひとりが出す【ゴミ】は日本人約1キロ、ネパール人約0・25キロ。
日本で排出される家庭ゴミのうち容器包装が約56％（容積ベース）を占める。そのうち40％はプラスチック系。実は中身より高いお金を容器に払っている場合もある。また私たちは、ひとり平均年間約300枚のレジ袋を使い捨てている。その生産には大量の石油が必要だし、使用後はなかなか土に還らない、燃やせば有毒ガスを出すゴミとなる。

- お気に入りの買い物袋をもち歩き、レジ袋を断る。▽南アフリカでは、全面禁止。アイルランドでは、1枚につき15円の税金を消費者から徴収している。
- 過剰包装の商品は買わない。
- リサイクルできる包装資材を選ぶ。

都会人にとってカフェは憩いの場所。しかし多くのカフェでは、日々大量の紙カップやプラスチックカップが使い捨てられている。

店員さんに「マグカップで」という。▽「冷たいものはプラスチックで」なんていうきまりはない。

マイカップに入れてもらう。カフェによっては、値引きもある。

人も地球も喜ぶショッピングを

ショッピングは今や日本人の最大の娯楽といえる。その楽しみがしかし、自分の健康を損《そこ》なったり、環境破壊の大きな原因になったり、「南の国々」の飢餓や貧困を引き起こしたりしているとしたらどうだろう。でもそれは、これまでのように大量生産・大量消費によって経済成長を続けようとする社会の仕組みの中では、まぎれもない事実だったのだ。それに代わる新しいショッピングが【フェアトレード】。ショッピングの本当の楽しさはこれからだ。

【コットン】(綿)には自然にやさしいというイメージがある。だが実は、世界中で使用される農薬の10%がコットンの栽培用で、商品作物の中での使用量はトップだ。コットンの生産地として有名なインドのコットン栽培用の農薬使用量は全体の50%にものぼる。

オーガニックコットン（有機栽培の綿花を使ったコットン）の製品を選ぶ。▽ふつうのコットンには、製品の重量の約30%の農薬が使われている。

ハチドリ計画のハチドリTシャツ http://www.hachidori.jp/

パタゴニアのオーガニックコットン http://www.patagonia.com/japan/

メイド・イン・アースのオーガニックコットン http://www.tekuteku.net/mietop.html

【コーヒー】は、石油に次ぐ貿易規模の巨大な商品だ。世界第3の輸入国である日本でも、それは生活の必需品といえる。しかしコーヒーには暗い影がつきまとっている。コーヒー栽培における単位面積あたりの農薬の使用量はコットン、タバコに次いで第3位。生産者の収入は、カフェで私たちが飲むコーヒー1杯の値段の1%以下。近年の値崩れで、破産する農家が続出、コーヒー産業への依存度の高い国々では深刻な社会問題となっている。

フェアトレードのコーヒーを選んで「南」の人々とつながる。▽輸入すればするほど格差が広がり、貧困が増えるような貿易はもういい加減にしよう。

有機無農薬栽培、森林農法（アグロフォレストリー）、日陰栽培（シェードグロウン）のコーヒーで、ホンモノの味と香りを楽しむ。▽森林農法のコーヒーは、農薬なしに森の中で他の植物と一緒に育つので、生産者は商品作物以外の自給作物も収穫できる。

フェアトレードコーヒーのパイオニア　ウィンドファーム http://www.windfarm.co.jp/

㈲スローのこだわりの焙煎コーヒー http://www.slowslowslow.com/

スローカフェムーブメントの拠点　カフェスロー http://www.cafeslow.com/

【チョコレート】の場合も同様だ。世界のチョコレート業界は、1日1億ドル以上の売り上げを誇るが、そのうち原料のカカオ農民の収入になるのは、多くても6〜8%。カカオ栽培による森林破壊、農薬の多用も問題だ。

カカオの配合が多い高品質のチョコレートを選ぶ。▽その方がおいしいし、それだけ農民の収入増につながる。

有機栽培のカカオを使用した、フェアトレードのチョコレートを選ぶ。

スローウォーターカフェのエクアドル産カカオのチョコレート
http://www.slowwatercafe.com/

People tree のボリビア産カカオのチョコレート http://www.peopletree.co.jp/

これからの合言葉は、LESS AND BETTER、「より少なく、よりよいものを」

日本の輸入食品のチャンピオンは【牛肉】と【エビ】。このふたつは同時に、環境破壊型食品のチャンピオンでもある。これらの消費をより少なくし、その分よりよい品質のものを選ぶことがロハス、つまり、環境と健康のためによい生き方には欠かせない。

世界の人口は約63億人。世界でつくられる穀物は約19億トンで、これは100億人を養える量。37億人分余るはずなのに、世界では5人にひとりが慢性的な食糧不足に悩み、7人にひとりが飢餓で苦しんでいる。この大きな原因が肉食の急増だ。日本でも過去30年にひとりあたりの肉消費は2・4倍になっている。

一般に肉は穀物よりはるかに重い負荷を環境に与えるが、特に牛肉の場合はそれがはなはだしい。牛の放牧には広大な土地が必要だし、牛肉生産には、同じ重さの鶏肉を生産するのに比べ、3倍近くの飼料と、20倍以上の水が必要だ。

牛肉100gを生産するために必要な水は1万リットル。21世紀は「水の世紀」といわれる。すでに世界の人口の5分の1が安全な飲み水を手に入れられずに困っており、水をめぐる紛争があちこちで起こり始めている。輸入牛肉に隠されている膨大な量の水について、私たちは考えてみた方がいい。

- 肉の消費量を減らし、昔ながらの穀物や豆中心の食事を。
  - 雑穀レストラン　つぶつぶカフェ　http://www.tsubutsubu.jp
  - 自然食レストラン　アリエルダイナー　http://www.arieldiner.com/
- 肉を買う時には、安全基準についての表示にこだわり、量を減らしその分少し高くても質の良いおいしいもの（LESS AND BETTER）を選ぶ。
- 国産飼料の肉や国内産の肉を選ぶ。
  - 「大地を守る会」の国産短角牛　http://www.daichi.or.jp/

日本人は世界一のエビの消費者だ。日本が輸入するエビの多くは養殖もの。これまでのエビの養殖場は、熱帯・亜熱帯の沿岸に広がるマングローブ林を切り開いてつくられたものがほとんどだ。たとえば、1960年から30年の間にインドネシアでは、サッカー場11万6千956個分（2千690平方キロ）が、主にエビ池をつくるために破壊された。そこでつくられたエビのほとんどは日本に輸出された。

エビ池は数年しかもたないといわれている。土が疲弊《ひへい》し、大量に薬品を投入しても病気の発生を抑えることはできず、エビ池は放棄されるしかない。これに対して、マングローブの森と共存できる持続可能なエビ養殖を模索する動きがあちこちで始まっている。

【マングローブ】は、世界を環境危機から救うためのキーワード。なぜならその森は、（1）CO_2を他の森より効率的に吸収固着する。（2）陸の土壌浸食を防ぎ、津波に対する最良の防壁となる。（3）豊かな海洋資源を育む自然のゆりかご。

エビの消費量を減らし、その分高くても質の良いおいしいもの（有機エビ・エコシュリンプ・国産エビなど）を選ぶ。

オルター・トレード・ジャパンのエコシュリンプ http://www.altertrade.co.jp

おいしいエビを楽しませてもらう分、マングローブの植林も楽しんでしまう。植林をしている団体を応援し、できたら植林ツアーに参加する。

NGO「マングローブ植林行動計画」http://www3.big.or.jp/~actmang/

各種データに関しては、以下の文献、ウェブサイトを参考にしました。

地球を冷やすのは、私たち

『いまの地球、ぼくらの未来―ずっと住みたい星だから』枝廣淳子著／PHP研究所／2004

『第二版家庭の省エネ大事典』／財団法人 省エネルギーセンター

『地球白書〈2003―4〉』ワールドウォッチ研究所／家の光協会／2003

『日本環境年鑑2003』創土社編／創土社

『平成16年版 環境白書』環境省

世界中の森を壊す暮らしからぬけ出したい

『私にできることは、なんだろう。』／財団法人 2005年日本国際博覧会協会

『地球と生きる家』野沢正光著／インデックス・コミュニケーションズ／2005

『環境の世界地図』藤田千枝編／新美景子著／大月書店／2005

みんなの森 http://www.minnanomori.com/

Atlas of population & environment = http://atlas.aaas.org/

グリーンピース= http://www.greenpeace.or.jp/campaign/forests/

World Resources Institute = http://www.wri.org/

使い捨てって気持ち悪い

『ごみの環境経済学』坂田裕輔著／晃洋書房／2005

Zero Waste Nepal = http://www.zerowaste.org.np/

日本ポリオレフィンフィルム工業組合= http://www.pof.or.jp/index.html

人も地球も喜ぶショッピングを

『子ども地球白書2004―2005』クリストファー・フレイヴィン編著 林良博監修／加藤葵編訳／朔北社／2004

『コーヒー危機 作られる貧困』オックスファム・インターナショナル著／村田武監訳／筑波書房／2003

日本オーガニックコットン協会= http://www.joca.gr.jp/

これからの合言葉は"LESS AND BETTER"、「より少なく、よりよいものを」

http://atlas.aaas.org/pdf/139-42.pdf

『私にできることは、なんだろう。』／財団法人 2005年日本国際博覧会協会

ウェブサイト

環境goo = http://eco.goo.ne.jp/

ストップ・ザ・温暖化キャンペーン = http://www.stop-ondanka.com/

大地を守る会 フードマイレージ・キャンペーン = http://www.food-mileage.com/

全国地球温暖化防止活動推進センター= http://www.jccca.org/

あとがき

とべ、クリキンディ

辻　信一

とべ、とべ、クリキンディ
私は私にできること、あなたはあなたにできること
火を消すためのひとしずく、いのちのためのひとしずく……
――「とべ、クリキンディ」（アウキ作詞、アンニャ・ライト作曲）より

最後に、この本の成り立ちに特に深い縁のある4人に登場してもらうことにしましょう。

まずノーベル平和賞の受賞者であるケニアの**ワンガリ・マータイ**さんです。来日中の彼女にお会いした時、ぼくはハチドリの話をしました。砂漠化した土地に木を1本1本植え続け、人々のこころに平和の種を蒔き続けてきたマータイさんの姿こそ、燃える森に水のしずくを落とし続けるクリキンディそのものです。そう言うぼくに彼女は柔らかな笑みで応えてから、こう話してくれました。

この短いお話にすべてがいい尽くされていると思うの。この惑星には大きな問題がいっぱいで、それを考えるだけで気が遠くなりそう。自分にできることなんか何もない、と思いがち。でもどんな困難の中でも私たちにできることはちゃんとある。ひとりひとりがハチドリなの。

そんな自分を抱きしめて《エムブレイス》あげてほしい。

ケニアの環境副大臣でもあるマータイさんは、今や世界の環境大使、平和大使として、クリキンディの話をまるで水のしずくのように世界のあちこちに落としてくれていることでしょう。

この本の絵を描いたハイダ民族の**マイケル・ニコル・ヤグラナス**は、カナダのクイーン・シャーロット諸島に生まれ育ちました。そこでは世界でも稀《まれ》な海洋資源と森林資源の開発をめぐって、長年大会社がしのぎを削っていました。このままいけば森は失われ、海の生きものも消えて、何千年もそこに住んできたハイダ民族の生活が破壊されることは明らかでした。

１９８０年のはじめ、いよいよ諸島の南半分に残された原生林の伐採が始まろうという時、それに反対を唱えたのは、マイケルを含むわずか数名のハイダでした。しかし、この一握りの人たちの声は口伝えに広まって、１９８５年、ライル島での森林伐採に反対する現地行動には、島外からも多くの人々が集まって、マイケルたちハイダ・インディアンの歌声に唱和して腕を組み合い、ブルドーザーの前に座り込みました。これが転機でした。やがて伐採は止まり、諸島南部のこの地域はグワイハナ自然保護区として、永遠に守られることになったのです。

マイケルは今、アーティスト、漫画家として国際的に活躍しています。彼のイラストによるハチドリ物語の絵本が韓国でも近々出版されるそうです。


クリキンディの物語をぼくに教えてくれたキチュア民族の**アルカマリ**とその夫**アウキ**は、エクアドルのアンデス高原にあるコタカチという町に生まれ育ちました。彼らが子どもの頃は、先住民であるキチュアは白人や、混血であるメスティソの人々による差別と抑圧のもとに生きていました。母語であるキチュア語を公に使うことも禁じられていました。１９８０年代のはじめ、こうした差別にアルカマリやアウキを含む十代の若者たちは、静かな、しかし決然とした抵抗を始めます。まず彼らは、失われかけていたキチュア語を懸命に習得し、やがて次々に自分のクリスチャン名をキチュアの名前に変えていきました。アルカマリも、アウキも、その時に彼らが得た名前なのです。

アウキと共にキューバへ渡り医学を学んだアルカマリは医者となって、今もコタカチで医療活動を続けています。アウキは１９９６年、31歳の若さではじめての先住民族出身の郡知事に選出され、その後も住民の圧倒的な支持を受けて、現在３期目を務めています。この間、アウキ知事率いるコタカチ郡では、住民の直接参加による民衆議会の発足、生態系保全条例の施行などのめざましい成果を挙げ、世界の模範となる自治体に贈られる国連ハビタット賞や、ユネスコの平和都市賞などを受賞しています。

コタカチの民衆議会には年齢制限はないので、幼い子どもたちも自由に参加し、投票することができます。時々アウキは、町の子どもたちを集めては、こう話すのだそうです。「あなたがたひとりひとりが、この町の主人公だ。もし知事が約束を破るようなことがあったら、あなたたちはすぐに知事である私をやめさせなさい」。

さて、日本の子どもたちはどうでしょう。思いたって動き始める子どもたちに、しかしまわりの大人たちは、ちょうどハチドリを笑ったあの森の動物たちのように、「そんなことをして何になるんだ」といってきたのではないか。また、その大人たちは、実は自分自身に向けても、「こんなことをして何になるんだ」とつぶやいているのではないでしょうか。

ハチドリの物語の中の「燃えている森」。それは、世の中を覆っている無力感の靄《もや》のことかもしれません。そして、ある問題について真剣に考えたり、議論したり、行動を起こしたりすることに大きな困難を感じさせる、ぼくたちひとりひとりのうちの不信やあきらめの気分。この無力感の靄さえ晴らすことができれば、きっと目的地である山の頂《いただき》は意外と近いところに現れるのではないでしょうか。

とはいっても、もちろん、「私」には「私にできること」しかできません。クリキンディが水のしずくを一滴ずつ落とすように、ぼくたちは「自分にもできることがある」という小さな希望の芽を、周囲からの励ましを栄養としながら自分のうちに育てていくしかありません。時間がかかります。スローなんです。近道はありません。でもそれでいいのです。

さあ、自分の中のクリキンディを捜してください。家族の中に、友だちのうちに、生徒や同僚の中に、クリキンディを見つけてください。水のしずくを落とすような行為は、よくよく見れば、自分の中にも、身の回りにもいっぱいあるものです。そういう自分を、マータイさんの言うように「抱きしめる」のです。「私にできること」の芽は子どもたちの中に特に豊かに見出されるでしょう。それがスクスクと育つように暖かく見守り、時には手を差し伸べてあげてください。

読者の皆様へ――――

この本をお読みになって、どんな感想をもたれたでしょうか。
「読後の感想」を下記あてにお送りいただけましたら、ありがたく存じます。
なお、このほかに、「光文社の本」では、どんな本を読まれたでしょうか。
また、今後、どんな本をお読みになりたいでしょうか。
どの本にも誤植がないようにつとめておりますが、
もしお気づきの点がありましたら、お教えください。
ご職業、ご年齢などもお書きそえくだされば幸せに存じます。
光文社　ノンフィクション編集部

ハチドリのひとしずく
いま、私にできること

２００５年11月30日　初版１刷発行
２０２５年６月５日　17刷発行

監修者　辻《つじ》　信一《しんいち》
発行者　三宅貴久
発行所　株式会社　光文社
〒112-8011　東京都文京区音羽1-16-6
電話　編集部　03（5395）8172　書籍販売部　03（5395）8116
制作部　03（5395）8125
メール　gakugei@kobunsha.com
落丁本・乱丁本は制作部へご連絡くだされば、お取替えいたします。
印刷所　萩原印刷
製本所　ナショナル製本

ISBN 978-4-334-97491-6 Printed in Japan